U0181732

我的生命教育绘本

人是怎么去的

[法]慕什先生 / 著
[法]玛丽亚-帕斯 / 绘　党蕾 / 译

中国纺织出版社有限公司

原文书名：Moi, je veux vraiment savior ce qu'est la mort!
原作者名：Monsieur Mouch et Maria-Paz

著作权合同登记号：图字：01-2021-0052

图书在版编目（CIP）数据

我的生命教育绘本．人是怎么去的 /（法）慕什先生著；（法）玛丽亚 - 帕斯绘；党蕾译．-- 北京：中国纺织出版社有限公司，2021.5
ISBN 978-7-5180-8302-2

Ⅰ．①我… Ⅱ．①慕… ②玛… ③党… Ⅲ．①生命科学—儿童读物 Ⅳ．① Q1-0

中国版本图书馆 CIP 数据核字（2021）第 016205 号

责任编辑：张　宏　　责任校对：江思飞　　责任印制：储志伟

中国纺织出版社有限公司出版发行
地址：北京市朝阳区百子湾东里 A407 号楼　邮政编码：100124
销售电话：010-67004422　传真：010-87155801
http://www.c-textilep.com
中国纺织出版社天猫旗舰店
官方微博 http://weibo.com/2119887771
北京华联印刷有限公司印刷　　各地新华书店经销
2021 年 5 月第 1 版第 1 次印刷
开本：710×1000　1/16　印张：3.5
字数：29 千字　定价：52.00 元

于勒，
于勒！

怎么啦？
你的猫咪逮住了一只小鸟！

我来啦！

坏猫咪！
快走开！
MDR

这是一只小山雀。
它还好吗？
我觉得
它不太好。

它死了吗？！
我不知道。
让我来听听它的
心跳。
我之前在电视上看过一篇
关于医疗救护员的报导……

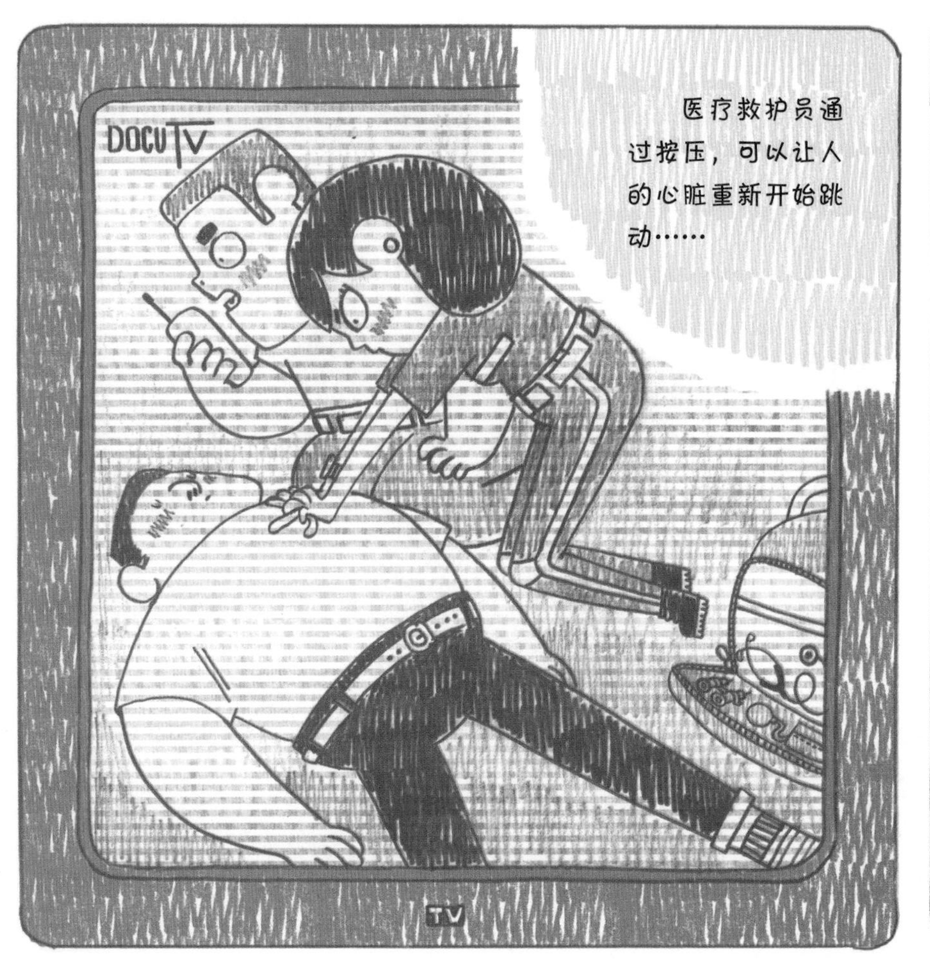
DOCU TV
医疗救护员通过按压，可以让人的心脏重新开始跳动……
TV

我也看过这篇报导。这个操作叫作“心脏复苏”。因为血液一旦在大脑流动，大脑开始运作起来，人就会活过来啦。

好吧，
那你还在等
什么呢？
但是，艾玛，现在太迟了。
而且，这只小山雀伤得太严重
了，它再也没法飞起来。我们
又不能给它做手术，所以还是
保持现在这个样子比较好……
MDR

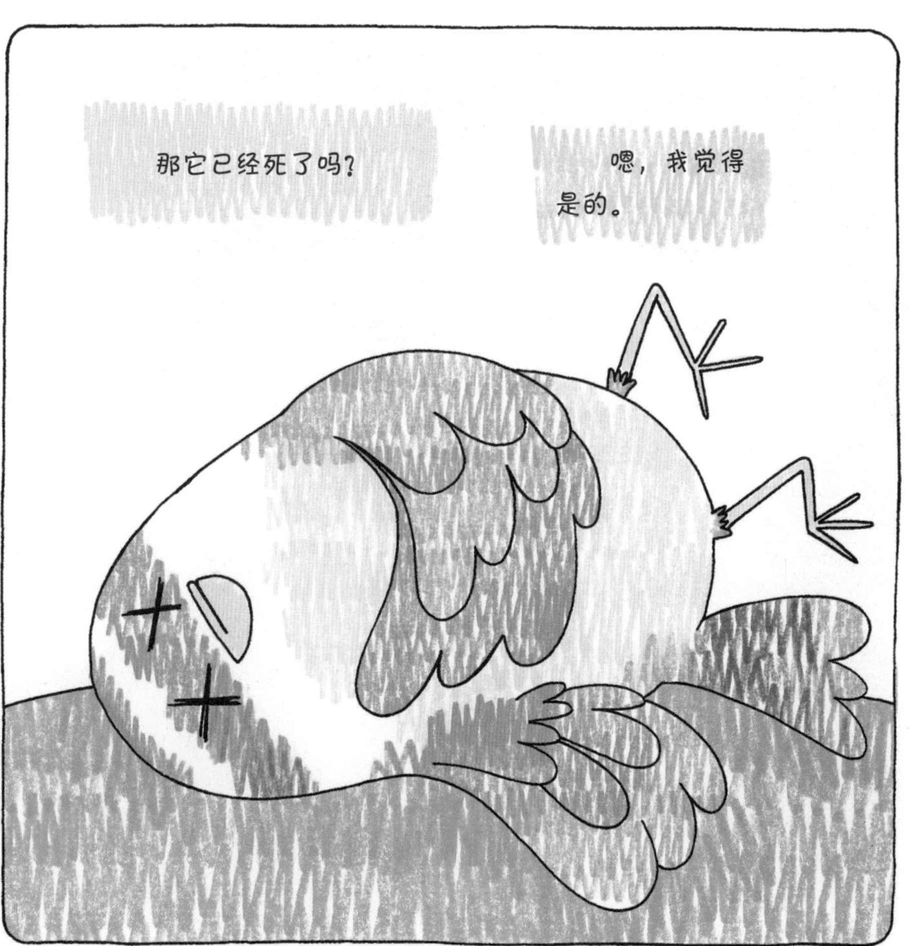
那它已经死了吗？
嗯，我觉得
是的。

坏猫咪！
杀手猫咪！
哼！
MDDI

我们现在能做些什么呢？
我们什么都做不了……

我们总不能把死去的小鸟就这么放在这里吧？……也许我们可以把它埋葬了？

可是，艾玛，我们一般不埋葬小鸟。

在自然界中，动物不会埋葬死去的同类……

不过，我听过一个传说：当大象预感自己快要死亡的时候，它们总是会去某个特定的地方。我的图画本里还有这样一幅画呢……

你也知道的，哪怕是人类，也不一定会埋葬死去的同类。
不同国家、不同文化、不同信仰的人，他们的做法也不一样……
MDR

那么，人们是怎样做的呢？

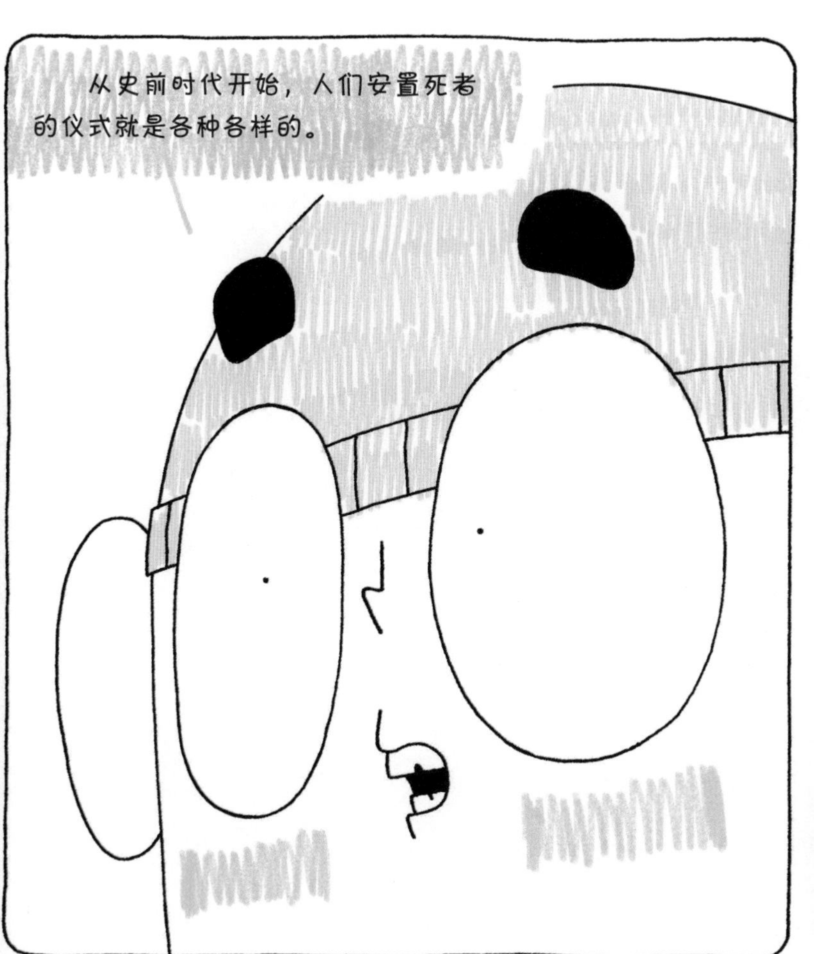
从史前时代开始，人们安置死者的仪式就是各种各样的。

我的图画本里就有美洲印第安人的葬礼仪式。
你能想象得到吗？每个部落的做法都是不一样的！
MDR

夏安族印第安人会
把死者埋葬在一大堆石
头下面……

而尤马族印第安人呢，
他们有时候会把死者面朝天
空放在脚手架上面。

纳瓦霍族人一旦感觉死亡快要
来临，他们会远离人群，自己躲进
一棵树中去……

我想起来了，去年我爷爷去世的时候，也没有被埋到地下。
那他去哪里了呢？
MDR

是这样的：我们所有人都聚集在一个大大的房间里面，房间里还有好多其他认识我爷爷的人。
爷爷躺在棺材里面。棺材前面，是一张爷爷慈祥微笑着的照片。
原来是在教堂里啊。
不，不。这是另一个地方，一个人们可以举行仪式的地方。
在这里举行仪式不需要有宗教信仰。

我的曾祖母去世的时候，就是在教堂举办的仪式。

然后，我们所有人又都去了墓地。
我猜，所有的葬礼应该都是这个程序吧。
A notre amie
A notre père
DARK VADOR
YVETTE
Edith
1912-1993

那么你都知道哪些宗教呢，“万事通先生”？
我知道的宗教有：天主教、新教、伊斯兰教、犹太教。

别忘了，还有好多其他的宗教信仰呢。你刚才说的这些，都是只信仰一个神的宗教；有的宗教信仰好几个神呢，比如印度教、神道教……

法国高卢人也是这样呢，他们也信仰好几个神，比如图塔蒂斯！
MDR

是的，而且在古代文化中，古希腊人和古罗马人也信仰好多个神呢！
啊，是的！
MDR

图塔蒂斯？
是的，就是我！
图塔蒂斯，死亡之神

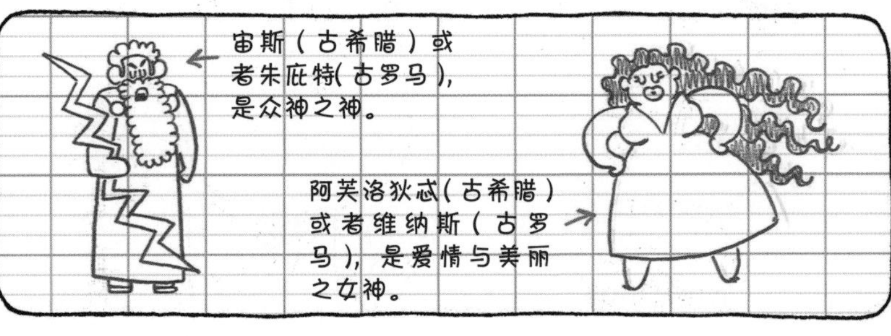
宙斯（古希腊）或者朱庇特（古罗马），是众神之神。
阿芙洛狄忒（古希腊）或者维纳斯（古罗马），是爱情与美丽之女神。

在我知道的宗教信仰里，就像你曾祖母的葬礼一样，人们先去祷告的地方，再去墓地。
MDA
但是我爷爷是没有宗教信仰的。

What A Wonderful World
G.Weiss & Bob Thiele
葬礼过后，所有人都和我奶奶一起回到了家里，大家在一起吃了顿饭。我爸爸告诉我，在有的国家，葬礼之后人们要在一起待好多天呢。

他说，这是“服丧”的开始。在世界上的一些地方，人们全身都穿黑色的衣服，穿的时间或长或短。
地中海国家
是的，大多数情况下，人们都是穿着黑色的衣服参加葬礼。
而古代日本人穿白色的衣服服丧。
日本的女士
也许，有的国家的人是穿得五颜六色的呢……

然后，发生了什么呢？
然后，我们就回到家里。
爸爸说，火化之后，奶奶拿着一个骨灰坛。这是代表爷爷的小坛子。
坛子里面有什么呢？
我没看到，不过据说里面是亮亮的灰……
说不定有魔法呢！
……这些灰应该是我爷爷的身体。

然后，奶奶把骨灰坛埋在花园里，上面立了一个石碑。
伟大的父亲
我和我的两个哥哥都去了。我们在石碑前摆放了好多漂亮的石头，因为爷爷生前很喜欢石头。

不过，爸爸告诉我，有些人会希望自己的骨灰被撒在某些地方。但是这么做需要提前得到许可，程序非常复杂。
撒在哪里呢？
MDR

CANADOU
比如大海里……或者他们生前曾经爱过的一些地方。

于勒，你觉得人死以后，还会有生命吗？
说实话，我也不太知道。
MDR

那你觉得，会有人知道死后究竟会发生什么吗？
这应该没人会知道……
MDR

那你觉得，天堂存在吗？
……

地狱呢？地狱存在吗？

快点回答我的问题嘛，于勒，天堂和地狱到底存在不存在呢？
嗯……是这样的……在一些宗教信仰里，天堂和地狱是存在的。
但是呢，我认为，只要你不信仰这个宗教，那么天堂和地狱就和你无关。
你确定吗？！
是的，艾玛，没事的。你冷静一下。现在可以睁开眼睛啦。
MDRH

天哪……对不起。我刚才实在是太害怕了……
没关系的。

是不是有信仰某种宗教的人认为人死后可以重生，下辈子就可以变成另一种生物？
确实有人是这么想的。

下辈子我想当一头老虎！
我想变成一株玫瑰……
玫瑰花太美了……
玫瑰能
活得很久，
不是吗？！

我们的差别也
太大了吧！
是啊，完
全不一样！

有一天，我叔叔告诉我，在成为我叔叔之前，他曾经是一头古怪的斑马，而且他当年是笑死的呢！
嘻嘻嘻
MDR

等一下，于勒，认真点！在法语里，“古怪的斑马”就是“奇怪的人”的意思呀！“笑死了”就是“开心大笑”的意思呀！
啊，是的，我之前怎么没想到！
MDR
叔叔真是个爱开玩笑的人……

我觉得，人死之后，
是会留下些什么的。
比如呢？
可能会留下
灵魂吧……

……
灵魂在某
处游荡。
像幽灵那样？

有一次，我和我的朋友佐伊
在一起玩。在我家的顶楼，我们
试着对灵魂讲话。
佐伊
她在电影里看
到过这样的场景。
啊，真的吗？
然后呢？

BOO
BOOOOOOO
BOO
BOO
MDR
Fra
NON
OUI
我们实在是太害怕了。有奇怪的声音传过来。
好吓人呀！
是什么声音呢？

实际上，是她的哥哥阿克塞尔在跟我们开玩笑。一点也不好笑……
嘻嘻
不要笑了。跟我说说你是怎么想的吧！人死之后会变成什么吗？
MDRI

我爸爸说，人死了以后，就消失了，什么也没有了。也不存在上辈子这回事。
……
MDRI

好吧，但我确定，人死以后还会继续存在着。
是的，存在于别人的回忆里，他们的心里。我爷爷就是这样，他还活在我的回忆里。
IMDRI

这一定让你很难过吧。
最开始是的，我每时每刻都在想着爷爷离去这件事。这让我一直流眼泪。
后来，我想这件事的次数越来越少了。
现在呢，每当我想起爷爷的时候，我甚至会有些高兴，因为我感觉爷爷还和我生活在一起。
MORI

那你不害怕哪一天把他忘记了吗？
不可能的。我和爷爷在一起做了太多我永远都不会忘记的事。比如，他教会我怎么下国际象棋。
MORI

每次我下棋的时候……
9
……我都会想起爷爷。

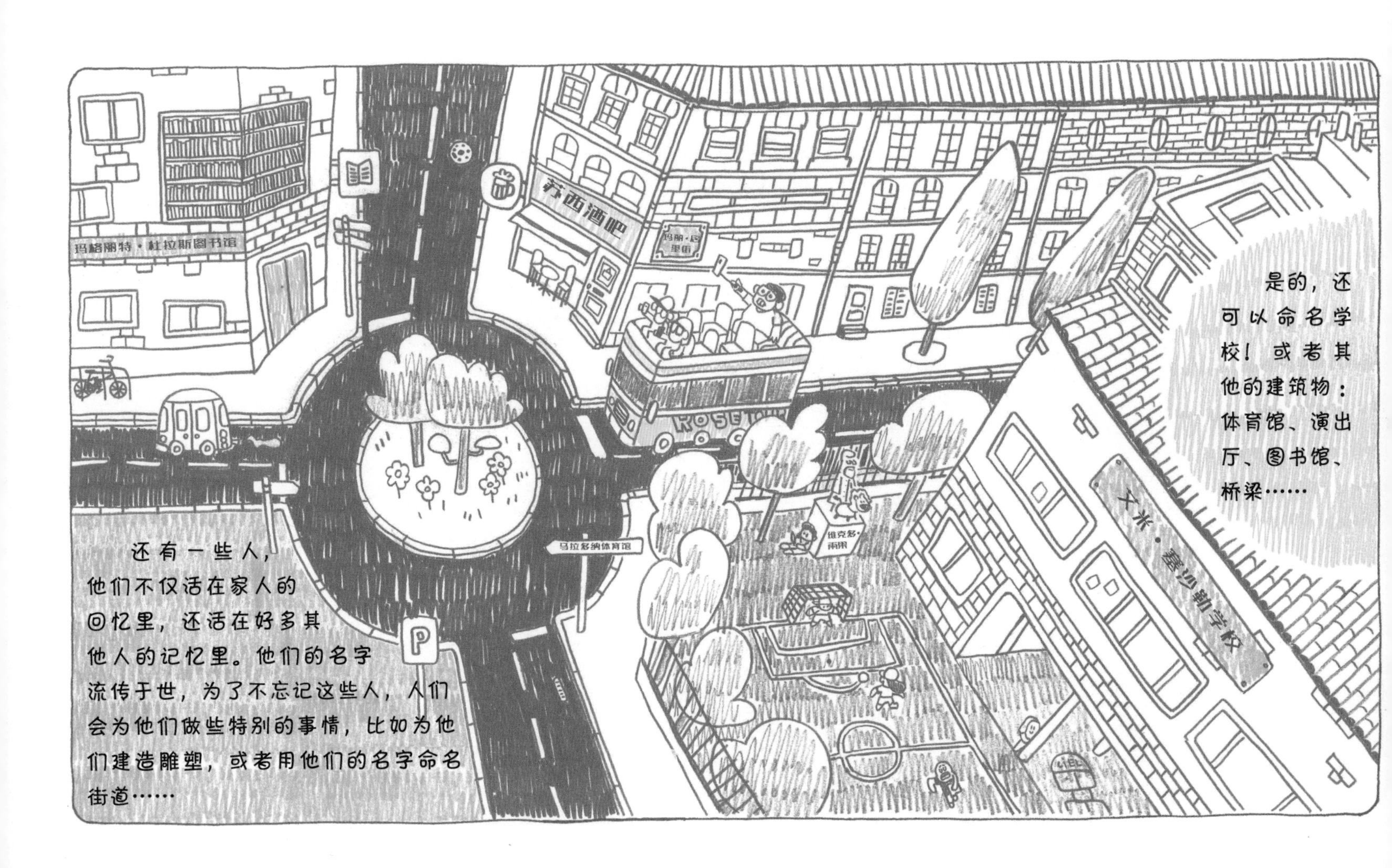
玛格丽特·杜拉斯图书馆
苏西酒吧
玛丽·居里街
马拉多纳体育馆
维克多·雨果
还有一些人，
他们不仅活在家人的
回忆里，还活在好多其
他人的记忆里。他们的名字
流传于世，为了不忘记这些人，人们
会为他们做些特别的事情，比如为他
们建造雕塑，或者用他们的名字命名
街道……
是的，还
可以命名学
校！或者其
他的建筑物：
体育馆、演出
厅、图书馆、
桥梁……

还有一些特殊的建筑物，是专门为重要的人建造的，比如巴黎的先贤祠。

埃及人也做过这样的事情。有的金字塔就是埃及法老的陵墓。法老的尸体被制成木乃伊存放在石棺里。

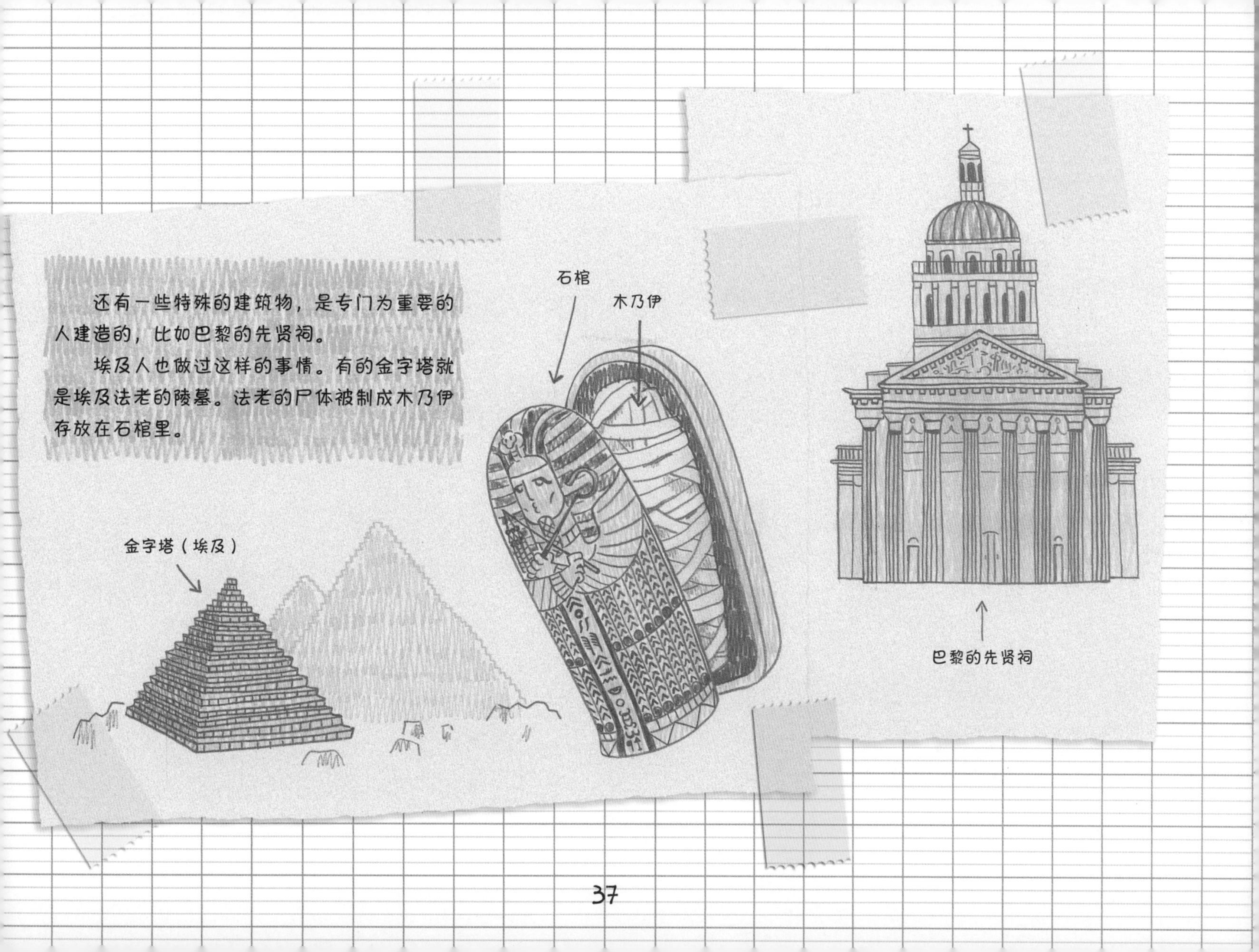

不是每个人都能拥有属于自己的金字塔。你觉得，当我们死了以后，我们也会有流传于世的自己的雕像吗？
我可不知道。而且我觉得，我们也不会知道的，因为那时候我们已经死了。
我认为，当我们死的时候，我们是不知道自己已经死了的。只有别人才知道，这件事好让人伤心啊。

是啊，但是如果别人把我们忘了，这可怎么办啊？
对我来说，我已经不太能记得我的曾祖母了。我只记得她的葬礼。
妈妈跟我一起制作了家谱。
MDR

不过，我们还是没能补充满家谱所有的分支。
有一些人被我们忘记了。

我不希望这种事发生在我身上……
我不希望人们把我忘记……
别这样，艾玛，不要担心啦。
无论如何，你都不会被忘记的。
MDR

而且，你要知道，世界上
有一些纪念死去的人的节日，
目的就是不忘记他们。
纪念死去的人的节日？！
MDR

是的呀，比
如万圣节。
万圣节是3000年前
凯尔特人创立的。
目的是
纪念死去的
人们。
莱昂尼
你还记得
去年莱昂尼的
装扮吗？
她的装扮太酷了！！！

不同的文化有不同的纪念方式。
是的，这是真的。每年清明节，我妈妈都会把鲜花放在曾祖母的墓上。墓地离我们好远好远……
MIRABELLE C.
1908-2001
鲜花可以表达对亲人的思念。

还有一个特别美丽的纪念去世的人的节日呢。
等一下，我拿出笔来给你画一下……
MDR

这个节日在墨西哥。

墨西哥人会在墓地里撒满花瓣，摆满燃烧的蜡烛，点亮黑夜。

他们还会在脸上画上彩色的图案。

你一定会特别喜欢这个节日的。

就像这样……
啊，是的，这也太时髦了吧，真是个欢乐的节日！
等等，我也给你画一个！啊……应该在你头发上面放点花朵！
太棒啦！
MDR

我们也给小山雀画一下吧，怎么样？
好的呀，这真是个好主意！
MDR
MDR

? ?
MDR

它去哪里了？
我不知道，
好奇怪……
等一下……

坏猫咪！
一定是它，叼走
了小山雀……

坏猫咪……
啊……怎么了？哪里不对吗？
可是，于勒……
有一天我们也会死去……

啊，是的呀，就像所有的生物一样，像所有的动物和植物一样……
但是呢，这要等到好久好久以后呢。你现在还不需要担心。

我们还有时间做好多好多有趣的事情。
这是当然的啦，和于勒做朋友，生活实在太美好啦。
完